M. CLÉRICY DU COLLET

LA VOIX

AMPLIFIÉE OU RECOUVRÉE
PAR
L'ÉDUCATION OU LA RÉÉDUCATION
DES
MUSCLES DU LARYNX

PARIS
TYPOGRAPHIE CHAMEROT ET RENOUARD
19, RUE DES SAINTS-PÈRES, 19

1899

LA VOIX

AMPLIFIÉE OU RECOUVRÉE

M. CLÉRICY DU COLLET

LA VOIX

AMPLIFIÉE OU RECOUVRÉE

PAR

L'ÉDUCATION OU LA RÉÉDUCATION

DES

MUSCLES DU LARYNX

PARIS

TYPOGRAPHIE CHAMEROT ET RENOUARD

19, RUE DES SAINTS-PÈRES, 19

1899

AVANT-PROPOS

> « Die Hauptsache ist, dass man eine Seele habe, die das Wahre liebt, und die es aufnimmt wo sie es finde. »
>
> GÖTHE.

> « Je ne demande qu'une âme qui aime la vérité et sache l'accueillir quand elle se présente. »

L'art vocal est dans une décadence profonde. Le grand artiste Victor Maurel a jeté le cri d'alarme dans son ouvrage *Problème d'art*, paru en 1893[1].

L'ouvrage tout entier de Victor Maurel tend à prouver que seule, la science, par

1. Chez Tresse et Stock.

une méthode d'enseignement vocal précis, peut enrayer le mal.

Nous croyons pouvoir affirmer que notre méthode, par l'éducation ou la rééducation des muscles du larynx, apporte la solution scientifique répondant aux nécessités du moment.

Nous donnons, à dessein, des indications quelquefois incomplètes sur l'exécution pratique de nos exercices ; notre méthode est trop simple, trop invariable, trop précise pour l'abandonner à des essais inhabiles qui, en dehors de la surveillance du professeur, seraient plus nuisibles qu'utiles.

Puissions-nous, en frayant un chemin à la vérité, attirer vers elle quelques intelligences éclairées capables d'unir la science d'aujourd'hui à la science d'hier.

Dans toutes les manifestations de l'esprit humain, les aspirations, les travaux, les découvertes de chacun, se répandent lentement, se discutent, se développent, se groupent, et de leur synthèse jaillit enfin la vérité.

M. CLÉRICY DU COLLET.

INTRODUCTION

« Viele andere haben im einzelnen vor mir dasselbe gefunden und gesagt; aber dass ich es auch fand, dass ich es wieder sagte, und dass ich dafur strebte, in einer Konfusen Welt dem Wahren wieder Eingang zu verchaffen, das ist mein Verdienst. »

GÖTHE.

« Beaucoup d'autres avant moi ont trouvé et dit la même chose; mais de l'avoir trouvée et dite aussi, et de m'être efforcé de frayer une voie à la vérité au milieu de la confusion générale : voilà mon mérite. »

« Présentez-nous un sujet privé de voix, par la fatigue ou la maladie, qui n'a pas de voix, selon l'expression vulgairement employée; s'il est intelligent, si l'examen médical relève certaines lésions à l'exclusion de certaines autres, il doit guérir sa voix ou l'acquérir en un nombre limité d'exercices journaliers, qui peut varier entre trente et soixante. »

Cette donnée ressort de nos expériences ; la base en est donc expérimentale. C'est par l'exercice continuel, les soins persistants, la volonté incessante d'atteindre un but, que nous avons pu mener à bonne fin cette étude dont on pourra, après examen, apprécier la valeur.

Nous croyons utile de relater ici le fait suivant [1], cause initiale de toutes nos recherches, base de notre profonde conviction.

Mme C..., professeur, 43 ans, était enrouée depuis deux années, ne pouvait

[1] Septembre 1893.

parler sans ressentir une fatigue extrême, et, malgré tous ses efforts pour maintenir sa voix, elle demeurait aphone au milieu d'une conversation; elle éprouvait à la poitrine des sensations douloureuses, la respiration était pénible, la gorge enflammée. Après avoir usé en vain de tous les remèdes habituels, désespérant de vaincre son mal, elle essaya d'exercices particuliers répétés tous les jours une demi-heure matin et soir.

Après quarante jours elle parlait d'une voix claire et forte, sans éprouver la moindre fatigue, et elle s'adonnait à l'enseignement avec toute l'ardeur de la jeunesse.

Et non seulement Mme C... retrouva la voix, mais une voix bien plus développée qu'auparavant, bien plus docile, en un mot apte à l'art du chant.

Si singulier que paraisse ce fait, il est la vérité même ; il a d'ailleurs été confirmé par un grand nombre d'observations dont les principales sont groupées à la fin de cet ouvrage. Et pourquoi serait-il plus extraordinaire de recouvrer l'usage du larynx que celui d'un membre paralysé ?...

Notre méthode consiste essentiellement en exercices musculaires qui contribuent à assurer le bon fonctionnement physiologique du larynx ; nous l'avons appliquée depuis environ cinq années, à une centaine de sujets, que nous avons acceptés tels qu'ils sont venus à nous, *sans les choisir*. Les résultats, toujours excellents, se présentant d'une manière constante, nous font un devoir de propager une découverte aussi simple qu'utile à l'humanité.

Les maîtres de la science et de l'art ne peuvent refuser de s'y intéresser, car son effet est non seulement de guérir la voix (lisez guérir le larynx), mais d'apprendre à se servir de cette voix pour la faire porter avec noblesse, avec éclat, mais sans fatigue, dans la parole comme dans le chant.

Les orateurs, les professeurs, aussi bien que les chanteurs, peuvent avoir recours à ces exercices, afin de préserver leur voix d'une fatigue inévitable dans leur profession.

Il serait superflu de tenter la critique des méthodes actuelles ; le lecteur peut s'en rapporter aux ouvrages de Victor Maurel et de bien d'autres.

Ces maîtres autorisés ne paraissent pas avoir trouvé la formule de leur talent pour le communiquer d'une manière absolue, parce que, jusqu'ici, c'est le génie et non la science qui a fait le chanteur.

L'éducation ou rééducation des muscles du larynx implique :

1° Une partie anatomo-physiologique qui détermine la constitution du larynx et des centres nerveux qui le gouvernent ;

2° Une partie médicale pratique, puisque faire la rééducation des muscles du larynx, c'est ordinairement guérir le larynx ;

3° Une partie artistique, puisque cette rééducation met les organes vocaux en mesure de rendre tous les effets qu'ils sont susceptibles de produire, c'est-à-dire d'obtenir le maximum d'effets avec le minimum d'efforts.

Tout se révolutionne et progresse, en

cette fin de siècle; la routine a fait son temps, les vieilles méthodes agonisent, l'enseignement empirique doit céder la place à l'enseignement scientifique. Pour nous, appuyée sur des convictions que rien ne saurait ébranler, nous offrons l'hommage de notre travail aux intelligences éprises d'art et de vérité.

L'ÉDUCATION OU LA RÉÉDUCATION

DES

MUSCLES DU LARYNX

I

PARTIE ANATOMO-PHYSIOLOGIQUE

Notre méthode, avons-nous dit, consiste essentiellement en une série d'exercices musculaires ; nous ne saurions mieux l'expliquer qu'en la comparant à une méthode récemment découverte pour le traitement de l'ataxie locomotrice[1].

Cette méthode a pour but de rendre la

1. Méthode de Fraenkel.

2

coordination des mouvements aux ataxiques par la rééducation des muscles. Le malade qui ne sait plus régler ses mouvements apprend à les faire d'une façon ordonnée par une série d'exercices gradués. C'est une série d'exercices du même genre que nous faisons exécuter à nos élèves pour les débarrasser de certaines affections laryngées et pour développer chez eux l'organe de la phonation.

L'explication scientifique de notre méthode repose sur l'étude des centres nerveux qui régissent le larynx, et, sans prétendre traiter la question, il nous paraît utile d'en dire un mot.

Le centre innervateur du larynx a son siège, d'après Blocq, à la troisième circonvolution frontale, légèrement au-dessous du centre de l'aphasie et dans une région peu distante des centres innervateurs du membre supérieur.

Nous relevons le voisinage de ces derniers centres, parce que, si l'on admet la possibilité de la rééducation du membre supérieur, il faut admettre la possibilité de la rééducation des muscles du larynx ; d'ailleurs, des expériences sur l'aphasie ont démontré cette possibilité.

Anatomiquement, le larynx (fig. 1) est constitué par des cartilages, des articulations, des ligaments, des muscles agents des mouvements et par la muqueuse, les vaisseaux et les nerfs. Les cartilages sont réunis par la membrane thyro-hyoïdienne (membrane flexible) à l'os hyoïde qui complète la charpente du larynx.

Celui-ci reçoit ses mouvements non seulement des muscles extrinsèques, mais

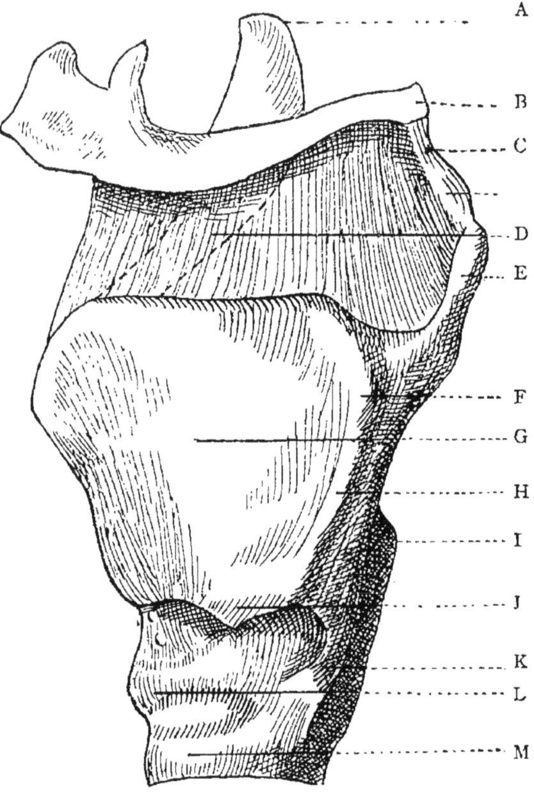

FIG. 1. — Articulations du cartilage thyroïde avec l'os hyoïde et avec le cartilage cricoïde. Vue latérale. (D'après POIRIER.)

A. Epiglotte. — B. Os hyoïde. — C. Lig. hyo-thyroïdien. — D. Membrane thyo-hyoïdienne. — E. Corne sup. du c. th. — F. Tubercule supérieur. — G. C. thyroïde. — H. Crête oblique. — I. C. cricoïde (plaque). — J. Tubercule inférieur. — K. Corne inférieure. — L. C. cricoïde. — M. Premier anneau trachée.

encore des organes voisins. Ainsi, l'extension de la colonne cervicale s'accompagne d'une élévation du larynx, sa flexion d'un abaissement (POIRIER, *Traité d'anatomie humaine*).

Physiologiquement, nous envisagerons les cartilages, les ligaments, les articulations, les muscles, au *seul point de vue des mouvements* nécessaires à l'émission de la voix.

Les principaux cartilages situés au-dessous de l'os hyoïde sont : de haut en bas :

1° Le cartilage thyroïde (fig. 1);

2° Le cartilage cricoïde (fig. 1);

3° Les cartilages aryténoïdes (fig. 2).

Un mot d'abord sur l'os hyoïde. L'os hyoïde, qui présente la forme d'un fer à cheval, est situé à 2 centimètres et demi ou trois au-dessus du cartilage thyroïde (fig. 1). Il est formé d'une pièce principale et de deux branches séparées qu'on appelle cornes. Ces cornes sont unies en arrière au cartilage thyroïde par un ligament hyo-thyroïdien (fig. 1); les petites cornes situées au milieu du bord latéral de la pièce principale se dirigent *en haut* et *en arrière*, et par le muscle stylo-hyoïdien se rattachent à l'apophyse styloïde de l'os temporal (fig. 3).

Ce muscle concourt donc à soutenir tout le larynx suspendu à la base du crâne.

Le cartilage thyroïde présente la forme d'un bouclier (fig. 1); c'est un organe protecteur, puisqu'il enveloppe les parties délicates; c'est un organe essentiel, puisqu'il donne *en avant* une insertion fixe aux cordes vocales. *En arrière* du larynx, le cartilage thyroïde s'articule avec le cartilage cricoïde (fig. 1).

Les cartilages aryténoïdes s'articulent

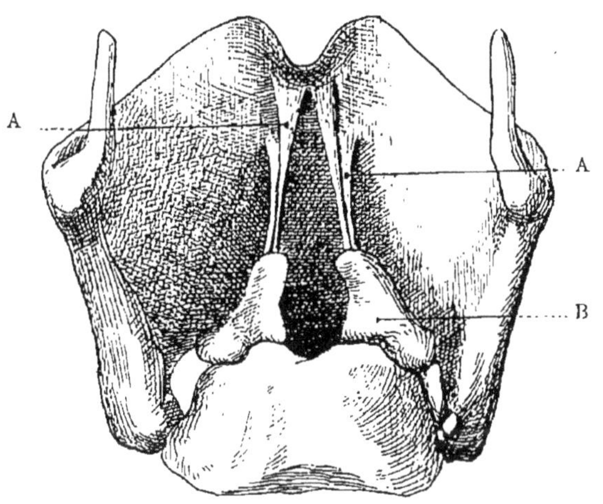

FIG. 2. — Cartilages aryténoïdes. Vue postérieure. (D'après FOURNIER.)

A, A. Cordes vocales. — B. Aryténoïdes.

au cartilage cricoïde par une apophyse (fig. 5), qui est le pivot de leur action, antérieurement ils s'unissent aux cordes vocales (fig. 2 et 5).

Ces cartilages *pairs* ont une forme pyramidale dont les sommets dirigés *en haut et en arrière* sont destinés à s'affronter par un mouvement rotatoire imprimé à la saillie de la base postérieure, qui s'articule au cartilage cricoïde, et à soulever ainsi la saillie antérieure de la base qui tient les cordes vocales (fig. 5).

Nous aurons l'occasion de reparler de ces cartilages en parlant des muscles qui les recouvrent.

Ces cartilages, dont les articulations sont situées en arrière du larynx, forment, avec l'os hyoïde, le coffre du larynx qui se trouve suspendu très solidement à la base du crâne par des muscles situés dans l'ordre suivant, de haut en bas.

Le muscle stylo-hyoïdien (fig. 3) s'attache, d'une part, à l'apophyse styloïde de l'os temporal à la base du crâne, et d'autre part à la petite corne de l'os hyoïde prenant une direction de haut en bas, d'*arrière en avant.*

Le muscle stylo-pharyngien (fig. 3) s'attache à l'apophyse styloïde de l'os temporal, s'unit à la membrane thyro-hyoïdienne, à la grande corne du cartilage thyroïde, au constricteur inférieur du pharynx avec une direction presque verticale de *haut en bas.*

Le muscle cricoïdien (fig. 3) agit sur l'articulation des aryténoïdes avec le cricoïde ; il se mêle aux constricteurs dans sa partie la plus large, c'est-à-dire la plus haute (fig. 3).

Ce muscle est pair ; par sa position sur les articulations du thyroïde avec le cricoïde et même sur l'articulation de l'ary-

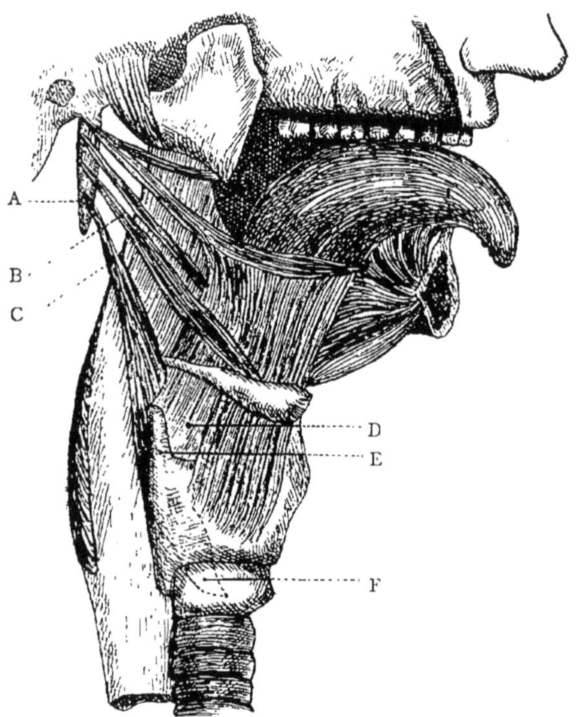

FIG. 3. — Vue des muscles suspenseurs du larynx. (D'après Thomas ARNOLD : *Education of deaf-mutes, Manual for teachers.*)

A. Apophyse styloïde. — B. Muscle stylo-hyoïdien. — C. Muscle stylo-pharyngien. — D. Membrane thyro-hyoïdienne. — E. Corne supérieure du c. thyroïde. — F. Muscle cricoïdien.

ténoïde avec le cricoïde, par sa liaison avec les muscles thyroïdiens et constricteurs, il aide certainement les aryténoïdes à s'affronter et à revenir dans leur position naturelle. Une action de haut en bas, d'arrière en avant, doit favoriser cette élasticité. Ce muscle est à la fois extrinsèque et intrinsèque.

Mentionnons encore, au nombre des muscles extrinsèques, les constricteurs du pharynx, car si le larynx engendre les sons, le pharynx en est le grand résonnateur ; son rôle est très important, son influence considérable sur la pureté du son.

La couche fibreuse de la paroi pharyngienne en peut être considérée comme la charpente ; elle fait suite à celle du larynx (fig. 4), et s'étend, *de haut en bas* de l'apophyse basilaire de l'occipital, au bord postérieur de l'aile interne des apophyses ptérigoïdes, au ligament stylo-hyoïdien, aux grandes et aux petites cornes de l'os hyoïde, aux deux bords postérieurs du cartilage thyroïde, et enfin à la partie médiane de la face postérieure du cricoïde.

Cette membrane est tapissée *en avant* par la muqueuse, et *en arrière* par les muscles.

Les couches musculaires sont constituées par les constricteurs supérieur, moyen, inférieur, situés de haut en bas (fig. 4), les uns au-dessous des autres, se recouvrant en partie, se renforçant mutuellement *pour agir avec entente;* leurs fibres sont dirigées *en arrière,* s'entre-croisent en arrière.

Ces muscles recouvrent le stylo-pharyngien, muscle suspenseur du larynx.

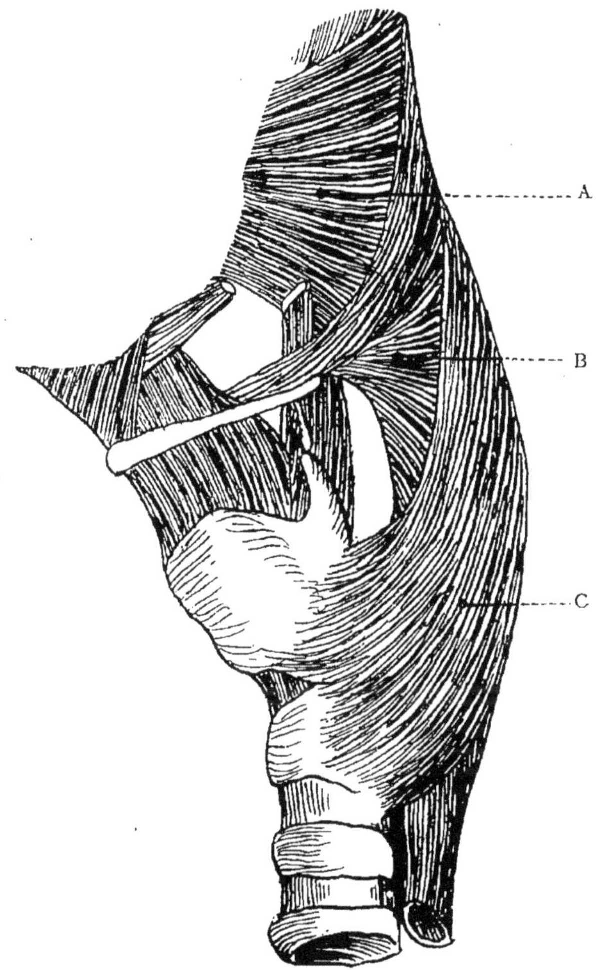

FIG. 4. — Vue des muscles constricteurs. (D'après Thomas ARNOLD : *Education of deaf-mutes, Manual for teachers.*)

A. Constricteur supérieur. — B. Constricteur moyen. — C. Constricteur inférieur.

Nous appelons l'attention sur le groupe des muscles extrinsèques, sur leur mode d'attache et sur la direction de leurs fibres, parce que, par les mouvements que provoquent nos exercices, par leur action évidente sur les muscles intrinsèques, nous agissons en harmonie avec la direction que leur position implique, c'est-à-dire, *d'arrière en avant*, de haut en bas. Nous arrivons ainsi à seconder la nature qui n'a point, au hasard, fixé *en arrière* les articulations des cartilages, les points d'attache des muscles suspenseurs, les constricteurs avec une direction constante de haut en bas, d'arrière en avant, qui nous paraît tout à fait démonstrative.

De plus, nous trouvons encore, en arrière du larynx, l'intervalle glottique, par conséquent, le point sur lequel peut s'exercer l'affrontement des rubans vocaux pour la production des notes élevées : les muscles auxiliaires des cordes vocales, enfin, les extrémités libres des cordes vocales, alors que leurs extrémités antérieures se réunissent en un point fixe.

Les points que nous venons de désigner font partie des muscles intrinsèques ; il est facile de concevoir l'action des muscles extrinsèques sur les muscles intrinsèques, leurs fibres s'entre-mêlant dans une direction qui leur permet de concourir à une même action.

Les cordes vocales sont constituées par un ligament thyro-aryténoïdien, par le muscle intrinsèque thyro-aryténoïdien et par un repli de la muqueuse (fig. 2).

Elles n'ont par elles-mêmes aucune action ; elles sont mises en état de tension par les muscles recouvrant les cartilages aryténoïdes et par ces cartilages eux-mêmes.

Ces deux cartilages, dont nous avons parlé plus haut, présentent la forme d'un triangle (fig. 5) dont un sommet est mobile autour d'un point fixe situé en arrière du larynx, le sommet opposé en bas se continue par l'apophyse vocale unie elle-même au point de l'intervalle glottique à la corde vocale, qui est légèrement inclinée d'*arrière en avant*, de haut en bas.

Lors de l'émission de la voix, les sommets B des cartilages aryténoïdes s'affrontent par une sorte de mouvement rotatoire autour du point fixe (fig. 5) et soulèvent l'apophyse vocale en même temps qu'ils tendent les rubans vocaux, les rapprochent et diminuent ainsi l'intervalle glottique.

Le point d'articulation de ces cartilages avec le thyroïde est couvert en partie par le muscle crico - thyroïdien dont les fibres s'écartent en arrière, se confondant avec les muscles aryténoïdiens et constricteurs (fig. 3).

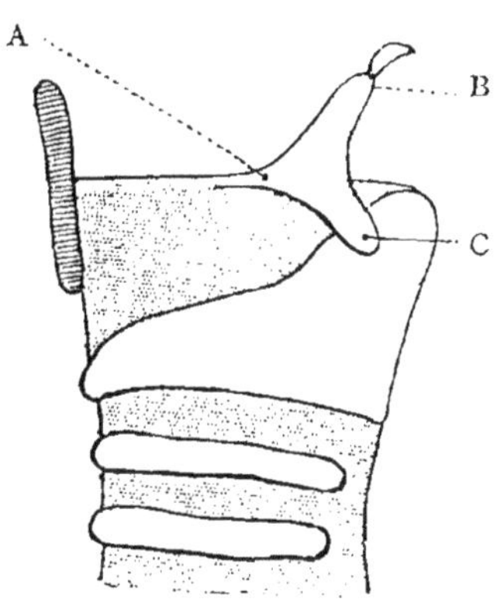

FIG. 5. — Vue latérale des cordes vocales avec le cartilage aryténoïde. (D'après DE MEYER.)

A. Apophyse vocale continuée par la corde vocale. — B. Sommet mobile du c. aryténoïde. — C. Point d'articulation du cartilage aryténoïde avec le c. cricoïde.

Les muscles qui recouvrent les cartilages aryténoïdes reçoivent leur action du muscle cricoïdien et du constricteur inférieur du pharynx; or, nous avons vu que les constricteurs exercent une traction de haut en bas. L'espace, auquel cette étude est limitée, ne nous permet pas de détailler les forces qui semblent régir les mouvements des muscles et la résistance que ces derniers leur opposent.

Il nous paraît utile de mentionner encore le mouvement en avant du cartilage thyroïde sur le cartilage cricoïde qui sert dans la production des notes graves.

Si malaisé qu'il soit de définir clairement la fonction particulière à chacun de ces muscles, il n'est pas douteux qu'en réveillant en soi certaines forces latentes, ce qui s'obtient par l'exécution de nos exercices, on arrive rapidement à acquérir une grande précision et une grande élasticité dans les mouvements du larynx ;

ce résultat est confirmé par nos nombreuses expériences.

Quel que soit le mode d'action totale ou partielle de ces muscles sur le larynx, quel que soit le mode de fonctionnement de cet organe, nous savons que dans certaines affections laryngées, une des lésions consiste en une paralysie plus ou moins accentuée des muscles du larynx. Nous ne voyons pas pourquoi il serait impossible d'avoir raison, par une série d'exercices particuliers, de cette paralysie ou de cette paresse musculaire.

Passons maintenant à l'étude pratique de nos exercices pour recouvrer la voix.

II

PARTIE MÉDICALE PRATIQUE

Bien que notre intention ne soit pas d'empiéter sur le domaine médical, nous sommes dans l'obligation de constater que notre méthode amène la guérison de certaines affections laryngées, causes ordinaires de la perte de la voix.

Par le mot *voix*, il faut entendre la forme de vibration, le timbre que prend le son ; cette voix se manifeste dans une vocalise aussi bien que dans un discours.

Nous n'utilisons pas, pour parler ou pour chanter, tous les sons que nos organes sont capables de produire, mais seulement quelques-uns de ces sons qui se combinent entre eux par des rapports particuliers. Aussi, nous précisons à l'aide d'un instrument de musique les sons utiles à la parole ou au chant pour les faire reproduire par notre élève.

A la première leçon, nous disons à l'élève : « Écoutez la note que je vais vous donner, recueillez-vous, pensez le son qu'elle représente, faites-la résonner au point que j'indique [1], sans la moindre violence, en ayant le plus grand soin de ne pas obtenir cette résonance par un effort. »

1. Nous ne précisons pas ce point pour éviter des essais nuisibles à ceux qui croiraient pouvoir se passer de direction.

On ne saurait croire de quelle importance est la pensée du son pour les exercices que nous proposons. La pensée préside à toute action, et l'action suit la pensée avec une rapidité inexprimable : c'est elle qui sera notre agent principal pour la rééducation des muscles.

En disant à l'élève : « Recueillez-vous, pensez le son, et faites-le résonner en tel point précis », voici ce qui se passe : en vertu du sens musculaire, les muscles de la phonation s'apprêtent, sous l'effort de la pensée qui les dissocie, les affranchit de tout secours nuisible ou inutile, et fait obtenir un son d'une précision et d'une pureté irréprochables.

La vérité de ce qui précède est facile à saisir, puisque la perte de la voix est due à la perte de l'indépendance musculaire.

A l'état normal même, la localisation en un point du cerveau de la faculté motrice pour tout un groupe musculaire rend très difficile la dissociation des mouvements propres à chacun d'eux[1]. A l'état de fatigue ou de maladie du larynx, puisque nous parlons de la voix, cette difficulté est insurmontable; les muscles de la phonation étant paresseux ou bien paralysés, une série de muscles nuisibles et impropres à la production des sons viennent s'associer à l'effort vocal, détruisent la pureté de la voix et achèvent de surmener l'organe. On surmontera cette fatigue en isolant, par la force de la pensée, les mouvements des muscles de la phonation; toutefois, ce résultat n'est obtenu que par un exercice

1. BEAUNIS. *Les sensations internes.*

journalier gradué et par une tension soutenue de la volonté.

Tout d'abord, le sujet ne donne que des efforts maladroits qu'il faut combattre énergiquement, mais il est rare qu'à la troisième leçon, il n'ait pas compris et ne donne ce qu'on lui demande, c'est-à-dire un son isolé, bref, précis et très net, libre de toute contraction.

Au début, les élèves ne devront jamais étudier seuls ; le professeur s'apercevant que ses conseils ne sont pas suivis n'a qu'un recours contre des sujets indociles, celui de ne pas poursuivre ses leçons.

Le premier exercice que nous appelons le « piqué » consiste donc à produire tous les sons de l'échelle vocale avec une extrême douceur et une extrême pureté, soit que la modulation monte ou descende. C'est un exercice essentiellement musculaire par lequel les cordes vocales sortent presque miraculeusement d'un état de relâchement, de tension irrégulière, de congestion ou de paralysie même très ancienne, et qui constitue le dressage des muscles du larynx.

De Meyer nous dit : « Il n'y a aucun muscle dont la direction de traction produise un effet immédiat, parce que le point à mettre en mouvement est sollicité par d'autres forces ; de sorte que le mouvement qui apparaît comme conséquence de la contraction musculaire, est toujours la résultante de la traction musculaire et de ces autres forces. » (*Physiologie de la voix et de la parole*, page 33.)

C'est pourquoi nous pensons que l'action sur les muscles extrinsèques peut avoir son retentissement sur les muscles intrinsèques et d'une façon très salutaire pour l'organe délicat de la voix.

Il est difficile d'expliquer autrement que par des expériences comment nos exercices agissent dans le sens que nous venons d'indiquer : c'est-à-dire comment cette application de la science des mouvements du larynx détruit tout effort de la gorge ou des bronches, développe et régularise la plus défectueuse respiration en même temps qu'elle donne l'essor à la voix.

L'examen médical doit précéder toute tentative pour les sujets qui ont complètement perdu la voix.

Les docteurs que nous avons entretenus à ce sujet ont accueilli cet enseignement rationnel et nouveau, et ont suivi eux-mêmes des expériences que nous n'aurions osé tenter sans leur approbation.

Les huit premières leçons d'une demi-heure chacune, composées d'intervalles réguliers de travail et de repos, se passent à assurer le même mouvement dans la même invariable position.

Le progrès est rapide pour les intelligents ; au premier jour, on ne donnait rien ; au second, quelque chose d'inexprimable, un rudiment de son ; au troisième, toute confusion se dissipe, le son apparaît presque imperceptible.

Alors, chaque jour amène un progrès nouveau, l'exercice se fait avec facilité, l'intelligence saisit, l'élève persiste avec ardeur.

Les huit leçons suivantes se composent

du même exercice rendu de plus en plus rapide.

Dans la dix-septième leçon, l'élève pique trois ou quatre fois de suite la même note, en augmentant l'intensité de chaque impulsion.

La dix-huitième leçon unit entre eux les piqués sur la même note et, dès lors, l'exercice prend le nom de *prolongé;* ce n'est que la manifestation extérieure du son rudimentaire et interne obtenu au début.

Ce *prolongé* s'obtient graduellement comme le piqué dont il procède directement. Il s'exécute au même point que le piqué, c'est-à-dire dans l'unité rigoureusement observée. Cet exercice développe une énergie considérable dans les fonctions respiratoires, parce qu'il agit sur l'inspiration, par conséquent sur l'expansion du tissu pulmonaire. Chez les jeunes filles anémiques, ces exercices peuvent amener un retour à la santé par l'action énergique qu'ils exercent sur la circulation. De plus ils dégagent promptement les bronches en portant la pression de la voix sur les organes faits pour l'endurer sans fatigue (pharynx).

Quinze leçons de prolongé suffisent aux élèves qui n'ont point la voix trop malade. Dans aucun cas, nous n'avons eu à faire travailler plus de quarante-cinq jours pour obtenir des résultats satisfaisants.

Lorsque notre élève sait exécuter ces trois exercices, il ne lui reste plus qu'à apprendre à articuler dans le même ordre d'idées, à donner à la voix le point d'appui qu'il a tout naturellement conquis en utilisant les cavités craniennes et faciales, qui sont à la voix humaine ce qu'est à un instrument de musique la caisse de renforcement ou de résonance, et désormais, il triomphera par lui-même de toute fatigue.

Les personnes « fortes » éprouvent quelque difficulté à faire ces exercices; nous avons alors recours à des exercices analogues moins énergiques, aboutissant au même résultat.

De toute façon, l'application de cette méthode est extrêmement simple et n'exige de la part de l'élève qu'une très grande attention et une très grande docilité, et de la part du professeur, un très grand soin, et une très grande patience.

De cette science nouvelle, si positive, si nettement pressentie, doivent découler, nous semble-t-il, de nombreuses applications soit pour corriger les bègues, soit pour moduler la voix des sourds-muets.

La forme de nos exercices est sûrement plus définie, plus précise, que celle des méthodes actuellement en usage.

III

PARTIE ARTISTIQUE. — CHANT

Les mots « Méthode de Chant » évoquent spontanément l'idée d'une série d'exercices musicaux, gradués avec soin, de vocalises raisonnées, presque toujours précédés d'explications plus ou moins complètes, quelquefois bizarres, sur la respiration, l'émission du son, etc.

Notre exposé se borne à donner notre méthode de respiration, d'attaque du son, d'émission et d'articulation.

Si nous conseillons ensuite les exercices de F. Habay, c'est parce qu'ils sont basés sur l'unité de la voix, parce qu'ils se combinent si parfaitement avec notre enseignement, que nous n'en saurions trouver de meilleurs pour nous; toutefois, n'importe quels exercices de n'importe quelle méthode peuvent convenir, pourvu qu'on les place suivant nos indications.

Des maîtres autorisés ont dit avant nous que tout le monde a de la voix.

Effectivement, l'individu le moins doué, celui dont la voix parlée n'aurait qu'une seule note, doit pouvoir parcourir toute l'échelle vocale s'il s'y exerce dans une bonne méthode.

Pour les sujets qui possèdent une voix ordinaire, nous nous contentons d'exercices d'une forme plus agréable, bien qu'aussi précise.

Dans cette partie que nous appelons artistique, parce qu'elle conduit à l'art, nous ne nous occupons que du mécanisme, c'est-à-dire des causes matérielles de la voix.

Le lecteur objectera sans doute que le mécanisme et le chant, ou la science et l'art, sont incompatibles ; que la voix, ainsi conduite, sera gênée dans ses élans, dans ses transports, qu'elle aura une forme guindée, sèche ; que les inflexions seront moins caressantes, les vocalises moins gracieuses.

Pour les voix naturellement belles, notre méthode, qui ne force jamais un son, ne fait qu'en affirmer la beauté.

Pour les voix acquises par notre méthode, il est certain qu'obtenues par un mécanisme précis, elles commencent par être incolores, jusqu'au jour où l'élève franchit la limite qui sépare la science de l'art, et faisant appel à ses propres ressources, met sa voix en harmonie avec son âme, son intelligence, ses sensations.

L'art vrai échappe à notre pénétration, la science l'analyse en vain pour surprendre ses mystères, elle s'arrête où l'inspiration commence. Un jour viendra peut-être où l'Humanité ayant réalisé le progrès intellectuel nécessaire, pourra concevoir l'art et le définir.

Le génie obéit à des lois invariables qu'il ignore, il est guidé par son sentiment ; la science intervient plus tard pour l'expliquer en partie ; mais si elle ne peut suppléer à ces merveilleux talents qui sont le secret de la nature, elle aidera sûrement à en faire éclore en brisant les obstacles organiques qui étouffent souvent les plus ardentes aspirations.

Respiration. — Émission.

La respiration étant une fonction machinale dont la vie est la cause, nous nous contentons de la fortifier à l'insu de l'élève. « La préoccupation est la mort de l'occupation », a dit un grand maître. Déjà par le mécanisme, au début, nous obtenons un progrès très sensible dès les premières leçons.

C'est en augmentant la puissance d'inspiration que nous développons la respiration. Notre action sur cette fonction seule est suffisante, l'expiration étant un simple phénomène d'élasticité, susceptible toutefois d'être modifié par l'intervention de la volonté. Plus l'inspiration est profonde, plus l'expiration est puissante; plus nous emmagasinons d'air dans la colonne sonore, plus la voix est ample et ronde. Le diaphragme, les côtes, sont les agents puissants de l'inspiration; et nous savons que les articulations postérieures des côtes sont plus élevées que les antérieures; que ces articulations postérieures sont mobiles; elles permettent donc un double mouvement d'élévation ou de dépression qui augmente ou diminue la capacité thoracique; nous savons que les poumons accompagnent les côtes dans leurs mouvements : par conséquent l'action d'arrière en avant de nos exercices a son importance, les côtes se soulèvent fortement en arrière, avec elles les poumons;

d'autre part, le passage naso-pharyngien reste libre par la position que prend le voile du palais; l'air contenu dans les cavités craniennes et faciales s'ajoute à celui contenu dans les poumons, pour se répartir également dans la colonne résonnante; l'onde sonore, ainsi amenée, décrit un arc intérieur qui donne à la voix une grande portée et plus d'éclat.

Voix.

En dehors du point de vue médical, quelles sont les causes de la perte de la voix?

Ces causes sont : l'étude mal comprise, la fatigue ou l'âge.

L'étude mal comprise, par la séparation des registres, les poussées et les exercices mal placés;

La fatigue, par la loi de la synergie musculaire qui fait qu'autour d'un muscle atone, fatigué ou paralysé, se groupent les efforts des muscles étrangers à la phonation détruisant la pureté de la voix accentuant son impuissance ;

L'âge, par l'affaissement du larynx et la perte de l'énergie phonique.

Sait-on pourquoi la plupart des meilleures méthodes divisent la voix en trois registres : « poitrine, fausset, tête » ? Nous avons cherché en vain la cause de cette division. Nous nous sommes demandé si cette erreur des registres ne proviendrait pas de l'accentuation de tonalité qu'exige le caractère des voix de contralto et de soprano.

Il y avait à Rome, dans l'antiquité, trois degrés d'étude pour la formation de la voix : la pose, le développement, l'assouplissement.

Sans doute, ce que l'on enseignait autrefois, après avoir obtenu une voix homogène, c'est-à-dire les moyens à effets, l'appui des notes de poitrine par exemple, est devenu la base du plus grand nombre de méthodes, au préjudice de la voix.

Tant de personnes prétendent *commencer* par la fin, pour hâter leur instruction, qu'il n'est pas étonnant que cette erreur ait pris la place de la vérité.

Il est plus facile et plus agréable de commencer à étudier le chant par les notes de poitrine que par les notes élevées ; l'élève y prend un plus grand plaisir, et le professeur bien moins de peine. Mais quand on en arrive à fusionner les notes de poitrine avec les notes de tête, les difficultés surgissent, la voix déplacée en s'appuyant sur les vaisseaux bronchiaux ne peut plus s'élever que par un changement d'émission, c'est-à-dire qu'on abandonne l'air engouffré dans les bronches pour se servir de celui contenu dans le pharynx, brisant ainsi l'unité de la colonne sonore : c'est ce qu'on appelle les passages ; plus l'élève se complaît dans les notes graves, plus il dégrade sa voix.

Il ne peut en être autrement ; l'appareil vocal, à mesure qu'il cherche à émettre les notes élevées, subit une singulière préparation ; l'air heurte brusquement en dessous les cordes vocales, le voile du palais s'arc-boute contre la paroi pharyngienne, ferme presque hermétiquement le passage nasopharyngien, diminue d'autant la colonne sonore, puisqu'il isole les arrière-cavités nasales qui sont en relation avec les craniennes dont nous avons parlé plus haut. La note élevée ne sort qu'en cri, en contraction, et l'élève se rassure en disant : « Je perds les notes élevées, mais je gagne des notes basses. » C'est là le signe certain de la perte de la voix.

Or, une méthode qui ne développe pas en même temps l'aigu, le médium et le grave, est une méthode défectueuse.

La poussée de la voix est une calamité ; elle est le résultat d'un enseignement malheureux, et souvent aussi de la nécessité dans laquelle se trouve l'artiste de lutter contre l'orchestre dont on a fait la partie essentielle de l'opéra.

Dans les classes d'ensemble, la poussée de la voix est presque inévitable, chacun voulant dominer son voisin; voilà pourquoi les classes d'ensemble ne doivent exister que pour grouper des élèves possédant déjà une méthode sérieuse, et non pour dissimuler leurs défauts dans la masse. Pousser la voix n'est pas chanter; on pousse un cri, non une mélodie. Si quelques puissants artistes obtiennent leur plus grand triomphe au moment de ces efforts acrobatiques, nous dirons qu'un grand artiste peut choisir à son gré, selon le public qu'il veut flatter, les effets dont il dispose au profit de sa célébrité.

Mais dans une méthode de chant où il s'agit de former et de réformer une éducation vocale, il faut condamner ces moyens d'une manière absolue.

D'ailleurs, c'est une erreur profonde de croire que l'on se fait mieux entendre en poussant la voix : tout ce qui, de la voix, s'appuie sur le diaphragme ou dans le thorax est autant d'enlevé à la rondeur du son, à sa pureté, par conséquent à sa portée ; mais le public qui se laisse prendre à l'effet immédiat sait gré au chanteur d'un bel effort qu'il applaudit à outrance, tandis que la voix se fatigue et s'épuise.

Notre méthode, permettant à tout élève d'être maître absolu de sa voix, lui donnera toute facilité pour la recherche des effets, d'autant plus qu'il est sûr de replacer sa voix par les exercices indiqués.

L'âge ne doit pas être une cause de changement dans la voix, si l'on a soin de conserver l'énergie phonique par un entraînement de tous les jours. Cet entraînement ne nécessite aucun effort, c'est une simple gymnastique journalière, afin de « se maintenir en forme », pour nous servir d'une expression courante chez tous les sportsmen ; car les forces ne s'éteignent en nous qu'avec le principe vital, que nous laissons s'affaiblir par une résignation désastreuse.

Il suffit de savoir vouloir pour réaliser des miracles ; heureux ceux qui comprennent et appliquent cette sage vérité.

Reprenons notre sujet, et disons un mot des défectuosités de la voix.

La voix fausse qui provient d'une inégalité des forces musculaires est facilement corrigée par nos exercices. Ce genre de défaut se manifeste par une incertitude dans la prise, une sorte de battement comme sur les cordes d'un vieux piano, une vibration de forme inégale, révélant une force inégale. Lorsque la voix fausse provient d'une défectuosité de l'oreille, c'est la rééducation de l'oreille qu'il faut faire en même temps que celle du larynx. On y arrive très sûrement avec de la persévérance.

Selon la forme que prend la voix, il est facile d'en préciser les points d'appui défectueux.

Dans les voix bronchiales, gutturales, nasillardes, l'air, au lieu de se répandre uniformément dans toute la colonne sonore, s'appuie, s'accumule dans telle ou telle région, qui devient le siège de la résonance défectueuse. Ces défauts cessent d'exister si l'air se répand également comme nous l'avons dit plus haut.

Chant.

Lorsque, par des exercices spéciaux qui sont l'application exacte des exercices indiqués dans la partie médicale, l'élève attaque les sons suivant nos indications, il se trouve dans l'impossibilité absolue de pousser la voix et de contracter la gorge.

Par ces exercices, l'élève enfle le son par l'appel de l'air contenu dans les arrière-cavités faciales; les maîtres italiens appellent cela : *ingrandire l'arco di dentro*. La vocalise ainsi jetée en arc continue l'onde dessinée par la voûte pharyngienne et palatine; la voix porte à une grande distance sans rien perdre de sa netteté; les muscles de la paroi abdominale sont écartés de ces mouvements.

Un de nos principes rigoureux consiste

à travailler la voix du *la* normal au *la* aigu. Plus la voix de poitrine se repose, meilleure elle est, et si les exercices étaient bien placés, il y aurait beaucoup moins de voix perdues.

Comme précédemment, nous commençons par obtenir des sons faibles que l'élève développe graduellement par lui-même, sans violence, jusqu'à ce qu'il obtienne, comme nous l'avons dit, le maximum d'effet avec le minimum d'efforts.

Nous agissons aussi par la pensée : le cerveau étant le siège de toute fonction raisonnée, en pensant le son, la modulation, la respiration est dosée sans effort, selon la nécessité de la mesure, et les muscles sont mis à l'absolue disposition de la volonté.

De plus, chanter avec la pensée, n'est-ce pas le moyen de saisir et de bien rendre les rapports de la mélodie avec la parole, n'est-ce pas mettre l'organe de la voix au service de nos facultés mentales? Le génie du chanteur ne consiste-t-il pas précisément dans le rapport exact de la mentalité avec la faculté d'exprimer, par le chant, les sensations vitales, morales et intellectuelles?

Nous avons un point d'attaque unique pour tout le monde, qui permet cependant à chacun de donner un caractère individuel à sa voix, puisque nous obligeons le son à passer dans les cavités où il prend son timbre; avec le caractère du timbre se développe alors l'étendue de la voix, qui n'a jamais moins de deux octaves et demie à trois octaves, étendue dépassée par les sujets très bien doués.

Nous voilà donc avec un enseignement précis en son point de départ ; nous ne nous écartons jamais de l'unité, nous développons la voix dans cette unité, sans autre préoccupation que de l'amplifier naturellement, sans contraction aucune de la bouche, du pharynx ou du larynx sur les voyelles *i*, *o*, *a*.

L'élève qui a développé sa voix selon notre méthode, et qui s'attache à notre enseignement, achève de se perfectionner par les exercices Habay[1].

Articulation.

Toute la science de l'articulation consiste à laisser aux lèvres seules le soin de distribuer le son avec plus ou moins d'énergie.

1. HABAY. *Unité de la voix*, chez Quantin, à Paris.

Il faut porter l'attention sur les lèvres et rien que sur les lèvres ; par ce moyen, l'articulation est dégagée de tout concours nuisible, les muscles qui la produisent obéissent passivement et l'on prononce avec une netteté, une facilité, une légèreté dont on appréciera surtout les avantages en comparant cette méthode à d'autres qui alourdissent la voix et incitent aux sons rauques et gutturaux même dans la déclamation.

Nous voilà donc avec une voix excellente, posée, soutenue, agile ; une articulation que l'on perfectionne par des exercices indiqués dans les traités spéciaux.

L'élève sait parcourir le clavier sans que sa voix change de couleur, sans se fatiguer, sans ouvrir démesurément la bouche, sans crier ; il sait filer les sons, faire le trille, chanter les exercices en sept degrés d'intensité.

Ainsi préparé, il peut affronter les études du Conservatoire, apprendre le style, la scène, les effets, les traditions, pour être à même d'utiliser tous les moyens qui assurent le succès et achèvent l'artiste.

Le sourire doit éclairer le visage ; en dehors de l'agrément qu'il donne à la physionomie, il éclaircit le timbre, il est donc utile au point de vue physiologique.

Il faut de la vie dans le regard ; le regard vague détruit l'effet d'une belle voix. Il ne faut pas oublier que le chanteur n'a comme geste au concert que le regard et l'expression pour « empoigner son public ».

CONCLUSION

La méthode que nous venons d'exposer peut être adoptée par tout le monde; mais tout le monde ne joint pas, au désir de conquérir un talent, la persévérance dans le travail, la soumission au professeur.

Dans cette étude, plus que dans toute autre, les progrès sont facilement éblouissants; on acquiert très rapidement une excellente respiration, une attaque libre et pure, sur la consonne comme sur la voyelle, une grande étendue, une agilité remarquable.

Mais c'est la fin qui couronne l'œuvre,

6.

et nous mettons en garde contre elles-mêmes les jeunes imaginations qui, au premier succès, entreverraient la gloire.

Nous croyons qu'avec les données nouvelles, les maîtres pourront obtenir en dix-huit mois les résultats qu'on ne pouvait assurer qu'au bout de trois ou quatre ans.

Nous rappelons encore une fois que cette méthode, par le fait seul de rendre la voix aux personnes qui l'ont perdue, constitue un précieux enseignement qui mérite bien sa place dans l'enseignement national.

Tous nos travaux tendent vers ce but; l'avenir, espérons-le, sanctionnera nos efforts.

M. Cléricy du Collet.

OBSERVATIONS

OBSERVATION I

Mlle A. L., 22 ans, Nice, se soumet à nos leçons le 23 février 1894. Elle se plaint d'une toux opiniâtre se présentant tous les matins au réveil, suite d'une affection laryngée dont elle a été atteinte, étant enfant ; la voix habituellement inégale est tantôt très haute, tantôt très basse et sourde, la respiration est incomplète. Soumise aux exercices, elle obtient la cessation de la toux à la quinzième leçon ; à la vingt-deuxième, le timbre et la tonalité sont tellement modifiés qu'elle peut réciter et lire d'une voix égale, sans fatigue dans une très grande salle, de façon à être entendue de tout le monde ; la respiration a doublé d'ampleur, elle chante juste, d'une voix moyenne et éprouve un grand soulagement après chacune de ses leçons. La toux n'a jamais reparu. Soixante leçons.

OBSERVATION II

M. A. L., Nice, voix aussi forte que fausse, voix très dure : vingt leçons suffisent pour rendre cette voix moelleuse, très juste et très agréable.

OBSERVATION III

Mlle L. L., 19 ans, Paris, 18 mai 1895, enrouement persistant. En chantant au café-concert et dansant en même temps, a perdu la voix à tel point qu'elle se contente de mimer sur la scène pendant qu'une de ses amies chante sa romance derrière la toile. Elle vient deux fois par jour, faire les exercices prescrits, à la trente-sixième leçon elle peut chanter d'une voix limpide et forte l'air de la coupe de *Galatée*, et tout enrouement a disparu.

OBSERVATION IV

Mlle B. W., 21 ans, Paris, 15 septembre 1895, musicienne distinguée, élève du Conservatoire. Cette jeune fille éprouve une extrême difficulté à émettre la voix pour la parole. Elle a la sensation de corps étrangers dans le larynx, ce qui lui est désagréable et lui cause une toux fatigante; sa respiration n'est pas régulière; elle ne peut supporter la lecture à haute voix. Très musicienne et très docile, elle progresse rapidement; à la quinzième leçon, la voix prend du timbre, il n'y a plus de sensation de corps étrangers dans le larynx; à la trentième leçon, elle chante d'une voix forte, claire et sans fatigue, supporte la lecture à haute voix et a obtenu une excellente respiration.

OBSERVATION V

Sa sœur, Mlle A. W., 18 ans, 27 juillet 1895, Paris. Voix très frêle, très limitée; amygdales très fortes, six semaines suffisent pour vaincre toute contraction, toute faiblesse; se fait entendre en plusieurs auditions publiques où elle ravit l'auditoire.

OBSERVATION VI

Mlle R., 13 ans, Paris, 28 septembre, 1895, a perdu la voix depuis un an à la suite d'une émotion violente, tous les soins ont été inutiles; elle tousse avec une sorte de hoquet et souffre beaucoup, se soumet à nos exercices en présence de ses parents ; après chaque leçon de cinq à dix minutes, la voix présente une amélioration, et la toux hoqueteuse a diminué au bout de quinze leçons.

OBSERVATION VII

Miss H., 30 ans, artiste, 15 janvier 1896, Nice. Ne peut plus chanter depuis cinq ou six ans, gorge faible, voix absolument défectueuse, sans timbre ni tonalité ; voix creuse ; sujet rebelle, a cependant retrouvé une très jolie voix de soprano léger, qu'elle a fait entendre en public.

OBSERVATION VIII

Mlle H. B., 22 ans, 27 janvier 1896, Nice. Ce cas est instructif, parce qu'il démontre clairement jusqu'à quel point notre méthode est efficace.

Cette jeune fille est complètement aphone depuis trois ans ; l'examen médical n'a pas révélé l'existence de polypes ; elle a pourtant subi une opération très douloureuse à la gorge, mais qui n'a apporté aucune amélioration à son état.

La parole est pour elle une fatigue extrême ; elle appuie la voix comme tous les enroués et les aphones au creux de l'estomac ; nous commençons par lui apprendre à faire porter l'articulation au bord des lèvres, simplement, sans effort, ce qui la soulage beaucoup. Elle se soumet à nos exercices deux fois par jour, en présence de ses parents. Au douzième jour, elle donne quelque aperçu de son, c'est une espérance pour tous ; au vingt-cinquième jour, il y a progrès réel ; le docteur S. déclare que les cordes vocales sont nacrées et non plus congestionnées comme auparavant, qu'il faut continuer avec courage.

Chaque jour, progrès lents, mais mathématiques, c'est par dixième de demi-ton qu'on avance, mais on avance ; au soixantième jour, la voix se manifeste enrouée encore, mais presque continue... Cet état dure une huitaine de jours, après quoi on voit apparaître des ressauts dans la voix. Néanmoins le docteur conseille de continuer les exercices, mais la malade ne gagne rien, nous arrêtons le travail, et un nouvel examen médical, à Lyon, amène la découverte de nombreux papillomes de la trachée, c'est là un cas hors de notre compétence.

OBSERVATION IX

Mlle A. C., novembre 1895, Nice, 30 ans, professeur de piano ; voix très enrouée, respiration défectueuse, souffre de la gorge à cause d'une amygdale très forte et très gênante pour l'émission du son. Elle voudrait ne pas se fatiguer en parlant.

Quarante leçons suffisent pour assurer le timbre, régulariser la respiration ; a suivi nos leçons pendant plus d'un an et a fait entendre à plusieurs reprises, en public, sa belle voix de contralto.

OBSERVATION X

Mme G., 32 ans, 15 février 1896, Nice ; voix enrouée ; a dû renoncer au chant, ne peut plus atteindre les notes élevées, 30 leçons suffisent pour remettre la voix en bon état et faire cesser l'enrouement.

OBSERVATION XI

Mlle L. W., 22 ans, janvier 1896, Nice ; vient par curiosité essayer nos leçons, n'a pas de voix, éprouve une grande difficulté pour l'articulation de certains mots à cause de contractions dans la gorge.

Séduite par notre enseignement auquel elle s'adonne avec ardeur, elle acquiert une fort belle voix qu'elle manie admirablement, elle constitue un de nos plus brillants succès et peut aujourd'hui, si cela lui convient, communiquer à d'autres la méthode précieuse qu'elle s'est si bien assimilée.

OBSERVATION XII

Mlle J. W., sa sœur, suit son exemple, acquiert en peu de temps une belle voix, et pourrait enseigner cette méthode avec succès.

OBSERVATION XIII

M. C., 76 ans, mai 1896; suit nos exercices pour se fortifier la voix et s'en trouve mieux.

OBSERVATION XIV

Mme M., 32 ans, artiste du théâtre dal Verme de Milan, novembre 1897, Nice; voix absolument cassée, selon l'expression consacrée, depuis sept années; suit nos leçons avec beaucoup de difficulté sans régularité : a essayé tous les remèdes, se trouve bien soulagée après chaque leçon, après une trentaine d'exercices l'enrouement disparaît, elle est remplie d'espérance, songe au théâtre et malheureusement est forcée d'abandonner son travail par les circonstances.

OBSERVATION XV

Mme B., artiste, mai 1898, Nice et Paris ; a abandonné le chant depuis deux ans parce qu'elle ne pouvait plus chanter. Voix déchirée, timbre détruit, notes élevées perdues. — 16 leçons ont suffi pour la rendre absolument maîtresse de sa belle voix qu'elle a fait entendre à Paris.

OBSERVATION XVI

Mme G., 30 ans, juillet 1898, Paris ; enrouement chronique dont aucun traitement n'a triomphé ; cet enrouement l'empêche de chanter et la fatigue beaucoup.

La parole est pénible, la respiration défectueuse. Après quarante leçons, retrouve sa très belle voix dans une marche progressive si assurée qu'elle continue à travailler, tout en se faisant entendre de nouveau.

OBSERVATION XVII

Mlle de M., 38 ans, Nice, mars 1898 ; ouïe très défectueuse ; n'entend pas les conversations autour d'elle; articulation embarrassée. Après trente leçons, entend mieux ; après soixante leçons, suit toutes les conversations autour d'elle avec le plus grand intérêt, voix meilleure, articulation considérablement améliorée.

OBERVATION XVIII

Mlle de K., 18 ans, Paris, octobre 1898 ; point de voix pour chanter et facilement couverte pour parler ; gorge délicate, résultats excellents, après quinze leçons, voix très étendue et très agréable.

OBSERVATION XIX

Mlle F., 26 ans, mars 1898, Nice ; enrouement chronique, fatigue générale, saisit la méthode avec une intelligence remarquable ; suit avec persévérance nos conseils, et après quatre mois d'étude par elle-même, nous écrit que la gorge s'est considérablement fortifiée.

OBSERVATION XX

Miss T., Paris, novembre 1898, ne peut plus chanter depuis quatre ans ; du *do* medium au *fa* notes absolument perdues. D'après l'examen médical, les cordes vocales n'ont plus de tonicité. Vingt leçons ont raison de cette faiblesse.

Les vingt observations qui précèdent sont choisies parmi les cent expériences au moins que nous avons tentées, dans lesquelles la perte de la voix provenait soit de la fatigue occasionnée par l'enseignement, soit des méthodes défectueuses, soit d'enrouement accidentel ou chronique, toux nerveuse, respiration défectueuse, etc.

Deux de ces expériences seulement ne nous ont donné aucun résultat, l'une faite sur un larynx défectueux, l'autre annulée par l'existence de polypes dans l'arrière-bouche.

Dans tous les autres cas, nous avons invariablement obtenu la même amélioration extraordinaire et soutenue.

Paris. — Typ. Chamerot et Renouard. — 37178.

www.ingramcontent.com/pod-product-compliance
Ingram Content Group UK Ltd.
Pitfield, Milton Keynes, MK11 3LW, UK
UKHW021202220726
13924UKWH00003B/1271

9 782019 480165